营养导向型农业指标汇编

Compendium of indicators for nutrition-sensitive agriculture

联合国粮食及农业组织　编著
孙君茂　周　琳　程广燕　编译

联合国粮食及农业组织
农业农村部食物与营养发展研究所

 中国农业科学技术出版社

U0272202

图书在版编目（CIP）数据

营养导向型农业指标汇编 = Compendium of indicators for nutrition-sensitive agriculture / 联合国粮食及农业组织编著；孙君茂，周琳，程广燕编译 . -- 北京：中国农业科学技术出版社，2019.8

ISBN 978-7-5116-4345-2

Ⅰ . ①营… Ⅱ . ①联… ②孙… ③周… ④程… Ⅲ . ①农业—指标—汇编 Ⅳ . ① S

中国版本图书馆 CIP 数据核字 (2019) 第 173650 号

责任编辑　崔改泵
责任校对　李向荣
责任印刷　姜义伟　王思文

出 版 者　中国农业科学技术出版社
　　　　　北京市中关村南大街 12 号　　邮编：100081
电　　话　（010）82109194（出版中心）　（010）82109702（发行部）
　　　　　（010）82109709（读者服务部）
传　　真　（010）82106650
网　　址　http://www.castp.cn
经 销 者　各地新华书店
印 刷 者　北京地大彩印有限公司
开　　本　250 mm×176 mm　1/16
印　　张　3.25
字　　数　88千字
版　　次　2021年12月第 1 版　　2021年12月第 1 次印刷
定　　价　25.00元

前言

2016 年标志着"营养行动十年"的开始，是第二届国际营养大会（ICN2）[1] 后续举措，这次会议中，粮农组织成员国重申致力于终止所有形式的营养不良 [2]。这些营养不良包括一系列的表现，如发育迟缓、消瘦、贫血和肥胖。随之联合国可持续发展 2030 议程提议采用一个新的指标框架在 2016—2030 年间指导国际社会的监测工作。2030 议程，特别是可持续发展目标 2（SDG2），承认农业和食物体系是食物安全和营养的主要贡献者。监测千年发展目标（MDG2）的经验表明，量力而行以及有效利用数据有助于推动营养研究的发展，实施成功的有针对性的干预、跟踪业绩和提高问责制 [3]。联合国可持续发展目标（SDGS）、ICN2 和"营养行动十年"呼吁利益相关者，包括政府、捐助者、企业和民间社会组织，采取行动、跟踪、报告和评估他们的成果（和投资），以致力于改善跨部门的营养状况。

在制定这些新的政策框架时，全球和国家层面的广泛讨论集中在农业和食物体系，基于健康膳食获得和消费的机会不足常见于所有形式的营养不良。

根据经济社会背景，本《营养导向型农业指标汇编》提供相关指标的说明以及如何选择最合适指标的建议，是以项目、协调项目官员和可靠的监测手段的具体需求为基础的。其制订的目的是提供与监测和评价营养导向型农业投资相关的当前可用指标的方法学信息。这份文件是粮农组织粮食及营养司、投资中心及统计司之间卓有成效的合作的结果。其目的是补充其他针对营养导向型计划制定的指导方针，包括通过农业和食物系统[4]改善营养的关键建议和设计营养导向型的农业投资：计划形成的清单和指南[5]。这是粮农组织内部以及与发展伙伴进行全面审查和广泛磋商的结果。

Anna Lartey

粮农组织粮食及营养司司长

Gustavo Merino

粮农组织投资中心主任

Pietro Gennari

粮农组织统计司司长

致谢

本指南是由粮农组织的Anna Herforth、Giorgia F. Nicolò、Benoist Veillerette 和Charlotte Dufour联合编写。另外，特别感谢粮农组织的 Anna-Lisa Noack 和 Sophia Lyamouri 在整个编写过程中做出的突出贡献。

我们特别感激以下对初稿提供慷慨反馈意见、致力于提高本指南质量的人员：

Anna Lartey（粮农组织）

Terri Ballard（粮农组织）

Mary Arimond（加州大学戴维斯分校）

Carlo Cafiero（粮农组织）

Catherine Leclercq（粮农组织）

Warren Lee（粮农组织）

Catherine Bessy（粮农组织）

Mary Kenny（粮农组织）

Markus Lipp（粮农组织）

Vittorio Fattori（粮农组织）

Valentina Franchi（粮农组织）

Marya Hillesland（粮农组织）

Flavia Grassi（粮农组织）

Pushpa Acharya（世界粮食计划署）

Emmanuelle Beguin（英国国际发展署）

Heather Danton（美国国际发展署加强全球营养伙伴关系和成果项目）

James Garrett（国际农业发展基金会）

David Howlett（英国国际发展署）

Aira Htenas（世界银行）

Victoria Quinn（海伦凯勒基金会）

Rolf Klemm（海伦凯勒基金会）

Frederick Grant（海伦凯勒基金会）

Suneetha Kadiyala（伦敦卫生与热带医学院）

Edye Kuyper（加州大学戴维斯分校）

Yves Martin-Prével（法国发展研究所）

William Masters（塔夫茨大学）

Quinn Marshall（世界粮食计划署）

Zalynn Peishi（澳大利亚外交贸易部）

Victor Pinga（美国国际发展署加强全球营养伙伴关系和成果项目）

Melissa Williams（世界银行）

Sara Marjani Zadeh（粮农组织）

Camelia Bucatariu（粮农组织）

Bin Liu（粮农组织）

最后，我们对来自粮农组织的文字编辑 Illia Rosenthal、图片编辑 Juan Luis Salazar、通讯员 Chiara Deligia 的支持致以热诚的感谢。

本指南的进一步发展，离不开欧盟"提高全球管理减少饥饿计划"项目的支持。

目　录

第一章　概述与目的

　　2014 年 11 月，在第二届国际营养大会（ICN2）期间，粮农组织（FAO）和世界卫生组织（WHO）成员国通过了《罗马营养宣言》及其行动框架。由此，他们致力于解决所有形式的营养不良，包括慢性和急性营养不足、超重和膳食相关的非传染性疾病，以及微量营养素缺乏。实现这些承诺需要重新审视食物体系正在经历的变革，囊括食物生产、加工、运输、销售和消费的各个环节。因此，ICN2 行动框架重点强调制定食物系统相关政策和对营养导向型的投资。因此，政府和发展伙伴越来越多地采取措施用以确保对粮食的农业投资和政策有助于改善营养。这些投资和政策涵盖了广泛的干预领域，包括价值链开发、增加粮食生产、生产力和多样性，以及社会和农村发展。

　　一个投资政策、方案或项目可以被认为是营养导向型的，如果它旨在通过解决营养的一些潜在决定因素来促进更好的营养，例如获得安全和营养的食物（数量和质量／多样性）、适当的照顾以及健康和卫生的环境。这样的项目需要实践证实，它们可以得到营养改善的结果。

　　本纲要旨在支持负责设计营养导向型食物和农业投资的官员，选择适当的指标来考察这些投资是否对营养有影响（正或负），如果有，是通过什么途径产生的影响。它提供了对可作为营养导向型方法的一部分相关指标的概述，同时也指导了对指标的选择。

- 本纲要的目的是为可用于营养导向型投资的结果鉴定的指标提供借鉴。本纲要没有提供关于如何收集给定指标的详细指导，而是指明了相关的指导材料。
- 本纲要不代表粮农组织关于具体指标或方法的建议。其目的仅仅是提供关于与营养导向型农业投资监测和评价中相关的指标、方法和结构的信息 [a]。
- 我们并没有设定一个单独的项目应该收集关于这里给出的所有指标的数据。选择将由实施的干预类型、预期的中间结果和营养结果，以及根据可用资源和其他约束决定的数据收集的可行性而决定。
- 最终选择的指标和规划数据收集与分析，包括抽样和设计问卷，应根据监测和评价专家与学科专家的建议作出决定 [b]。
- 本纲要涉及程序、项目和投资。虽然一些指标可能与国家层面的常规监测相关，但该文件并不涵盖每一个需要的营养导向型监测政策的指标。

本文件由 3 部分组成：

第一部分（第二章至第五章）介绍了基本指标类别，它们可能

---

[a] 一些情况下，没有标准指标和整套方法的结构。例如，收入是一个重要的构成部分但也不是一个精确的黄金标准方法。

[b] 例如，评价项包括营养评估，应寻求专业从事营养评估的营养学家的建议。

受到共同干预类型的影响，以及如何在一个给定项目中选择和整合最合适的指标。包括：

a. 一个归纳了指标的框架（图1），它鉴别了6个直接受农业影响的结果领域（区域），以及这些领域如何影响食物获取、膳食和营养（在接下来的两个部分中，为每个结果区域编制可用的指标）。

b. 共同投资/干预类型（农业、价值链、社会发展、灌溉、自然资源管理）的矩阵（图2），以及这些因子如何通过改善6个结果区域来促进更好的营养。

c. 对具体项目的影响途径进行有效识别的基本技巧，以便选择最合适的指标。

d. 当应用监测与评价捕获最合适的营养评估指标时，关于数据采集模式实用性的考量。

第二部分（第六章）是对营养导向型农业和食物系统的关键指标的概述，推荐了目前可用的指标，以衡量可能受到农业投资和政策影响的每个结果区域。

第三部分（第七章）是一个较长的纲要指标，包括每个指标所衡量的内容。当使用纲要指标时，它是如何收集和分析各项指标的，以及与之相关的技术资源。

第二章 从农业到营养简化的影响路径

简化的投资项目的影响路径框架见图1。这个框架明确了直接受农业、农村发展和食物系统影响的6个结果领域，以及这些领域如何影响营养。

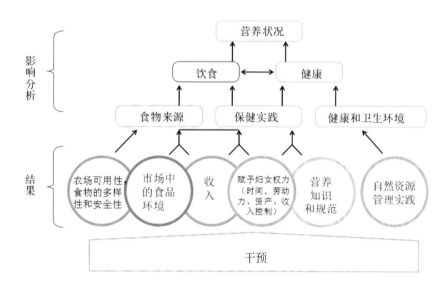

图1 简化的投资项目的影响路径框架

来源：Herforth and Ballard，2016[6]。

备注：参考投资类型矩阵（下一章）作为干预的案例。

图1显示了直接受干预影响的6个结果领域，以及它们如何影响营养：

- 通过改善对农田营养食物的获取途径，提高市场上各种营养食物的可用性和价格，改善食物安全和可以用于更多样化的营养食物的收入，如这些食物是充足的、经济实惠的和易于获取的。

- 通过赋予妇女权力（特别是如果她们能支配收入、时间和劳动）并通过结合行为改变交流的方式来进行护理实践。

- 通过保护自然资源（特别是水）和防止农业生产（如牲畜、常备水、农用化学品）所带来的健康风险的管理实践来获得健康和卫生环境。

第三章　农业投资类型以及营养切入点

上述框架确定了直接受农业干预或投资影响的6个结果领域(图1底排的"圆圈"中显示的内容);这些影响营养的潜在决定因素(食物获取、护理实践及健康和卫生环境)影响膳食和健康,最终影响营养状况。

发展组织——如粮农组织、世界银行、国际农业发展基金(IFAD)、区域银行[诸如欧洲复兴开发银行(EBRD)]、全球环境基金(GEF)等以及双边捐助者进行多样的农业投资。这些类型的投资展示在图2中,并显示每一个如何影响图1中所示的6个领域。

一些投资,如果设计良好,可对直接影响某些结果的途径产生影响,它们显示为绿色。如果应用一些营养导向型的方法,其他投资也可能会影响这些结果,这些显示为黄色。还有一些投资通常不影响这些结果,除非增加一些补充的更具体的营养干预,它们显示为白色。

该矩阵的目的是提供各种投资可能对营养作出贡献的具体方式,从而对可能实施的干预类型和最适合测量的结果有更清楚的理解。矩阵图是这些投资类型的切入点的说明性例子(图2)。国情和项目的多样性使得无法预见所有可能的切入点和贡献。

投资项目	切入点	可用性和多样性	市场中的食物环境	收入	赋予妇女权力	营养知识和规范	健康与卫生环境
农业发展（扩展研究、区域发展投入）	农业集约化 农业多样化 畜牧业和渔业 扩展 – 农民田间学校	通过自己的生产来弥补膳食差距	增加市场上营养食物和膳食的可获取性与可负担性	增加获得资源和收入的平等机会；减少贫困	增加妇女获得资源、专门知识和收入的机会；减少劳动和时间负担	提高认识 / 改变行为（营养食物和膳食的沟通）	改善食物安全，如减少霉菌毒素和污染（如来自农用化学品）
价值链发展（包括农产品加工）	储存和运输 加工 贸易和市场联系 营销和推广 – 专注营养的营销	增加目标营养作物的农场和非季节性供应	增加当地市场品种，降低价格和采后损失，提高营养食物的便利性	通过附加值和技术专长增加收入；减少贫困	增加妇女获得资源、专门知识和收入的机会；减少劳动和时间负担	提高关于营养食物和膳食的认知 / 改变行为以及保留营养成分	提高食物安全及食物标准
社区驱动发展（CDD）/ 社会发展	农村体制发展 – 妇女自助小组 – 能力发展 社交活动 – 社区设施 – 社会发展 /WASH 金融服务 / 生计活动 – 创收活动	提高作物生产力和多样化的粮食补贴和分配；家庭园圃	加强营养食物在市场上的储存，加工和零售	增加公平获得资源和收入的机会，实现储蓄和战略投资；减少贫困	实现公平的决策；增加妇女获得资源、专门知识和收入的机会；减少劳动和时间的负担	增加营养知识 / 改变行为，包括健康膳食的意识	改善卫生和卫生实践及基础设施
水，包括水利工程灌溉和排水系统	排灌 家庭用水 – 饮用水 – 个人卫生和环境卫生 水管理	提高作物生产力和多样性以及非季节性生产	增加市场上营养食物的非季节性供应和负担能力	增加作物生产和收入；减少贫困	减少获取水的时间负担		减少水媒传播疾病的风险；增加清洁水的使用
自然资源管理 / 林业 / 环境	促进生物多样性 气候智能和营养引导型双赢 土壤修复	维持生物多样性以保障膳食多样性；传统的本土物种和未充分利用的物种；非木材林产品（NTFPs）	增加市场中富含营养的以及未充分利用的食物的供应	降低灾难风险 / 灾难引起的收入损失（抵御能力）	增加获得资源和收入的机会；减少劳动时间和负担		减少食物污染的环境风险
说明	绿色 = 杠杆和措施的重要切入点	黄色 = 需要注意的潜在贡献；如果处理则需测量		空白 = 较少的直接贡献，可能存在联系；可以测量，以确保没有伤害			

图 2　干预措施（投资类型和切入点）影响矩阵

第四章 指标的选择：区别影响路径

上述矩阵（图2）显示了常见的投资类型如何对6个结果领域产生最有可能的影响，从而改善食物可获得性、膳食和健康；这样就能够显示哪里需要对影响进行事前评估（财务和经济分析），同样在监测与评价的实施过程中需要进行评估。要考虑的要点是：

（1）干预通常不会影响所有的结果。

（2）农业项目没有对营养产生积极影响的自动机制，但是如果有人以营养导向型的方式仔细设计这些项目，就有很多潜在的切入点。这些营养导向型方法的可能切入点都在上面的矩阵中展示了。

矩阵中的黄色和绿色（图2）表明，一些干预更适合用于某些影响途径。例如，一个以特定营养性食物（如坚果）为对象的强化，其价值链的项目可能会对增加农场和市场上的食物的供应量产生影响，这可能会改善获取营养膳食（食物安全）和改善膳食的途径。水利工程可能有完全不同的影响途径，通过将改进的水源用于家庭，从而改善健康和卫生环境，减少水传播疾病。

对每一个项目或投资都需要事先进行一个精确的关于变化的理论分析，根据农业营养干预的性质，最合适的指标类型会有所不同。上面的投资类型矩阵说明了某些类型指标的最合适的使用范围。根据预期的改善营养的影响途径，可以为图1所示的每个结果领域选择指标。每个结果领域所选择的指标都被总结在下文的表格中。为选择指标，确定项目可能会影响哪些结果，以及它如何改善食物摄取、膳食和/或营养，换言之，如何作用于影响路径和项目结果链（图3）。

为了影响这些成果和作用，项目需要得到有效实施。对项目投入、产出和成果的过程监控有助于提高项目活动与成果挂钩的合理性。过程监控包括的基本问题：投入是否发生以及怎么发生？谁接受了投入？本文件的范围不包括为项目或工程的过程监控提供必要的指标。具体的过程指标应适合于每个项目或工程。

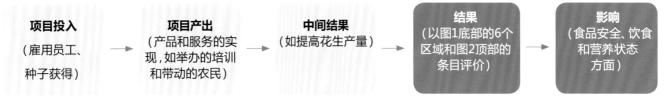

图3 项目成果链

此外，营养导向型也确保营养不会受到损害。理想情况下，农业和农村发展投资的目的是促进更好的营养，但事实并非如此。通常，以农业生产率、价值链发展、扶贫、增加农村收入或水利工程修复为目标的投资是被政府（有时与国际金融机构或 IFI 达成协议）确定的。通过测量与它们的活动最相关的指标，人们可以检查这些项目以确保它们可以改善——而非破坏营养的潜在决定因素。

分析哪个指标最合适，对于每个项目或投资都是特有的。然而，选择指标有几个通用的考虑因素：

- 许多食物和农业投资将影响营养食物的生产和 / 或消费。食物环境、食物摄取和膳食质量的指标通常是最合适的营养相关指标，其改进可以归因于投资干预。食物环境的措施包括市场上的营养食物价格，它可能受到许多投资的影响，但往往是没有量化的。
- 许多干预措施会影响妇女赋权的多个方面，无论是否是有意的。应对妇女收入控制和时间 / 劳动负担等方面进行定量或定性评估，以确保干预不会对妇女本身造成伤害，也不会对她们的育儿行为选择产生额外的限制。
- 通常，方案旨在改善收入，从而有助于更好的营养。然而，过去的研究表明，仅仅增加收入并不能自动转化为更好的膳食和营养。如图 1 所示，收入对膳食的影响取决于食物环境（什么样的食物可供选择、价格合理、方便和理想）以及谁对收入有支配权。其含义是，衡量家庭收入是否增加可能是有用的。但重要的是要了解谁的收入增加了，以及如何支配这些收入。
- 一些干预可能影响自然资源管理，从而将人们置于健康风险中（即健康和卫生环境）。例如，灌溉或牲畜项目可能影响饮用水水质。在某些项目中，这些是适合测量的领域。

- 许多决策者、项目经理和发展伙伴希望看到营养状况指标的影响，例如发育迟缓。然而，从特定的投资干预来看，很难观察和归因于对营养状况的影响，主要原因有两个：
  - 农业干预的有针对性的影响不一定能解决在给定地域内的造成营养不良状况的最重要原因。对于给定背景，其他因素，如低出生体重、母乳喂养不足和频繁感染疾病，可能对儿童生长的影响大于食物的数量或质量。食物摄取和膳食质量在所有环境中都是重要的，但可能的不良反应在体型大小上是突然变化的。同样，妇女赋权、水质或受农业影响的其他因素的变化可能是重要的，但可能不会立即反映在人体测量学数据中。
  - 统计能力不足。例如，观察到矮化率降低 5%~10% 所需的样本量通常在数千或数万。足够的统计力所需的样本量通常大于干预的整个覆盖范围。
- 由于实际的原因，应该优先考虑已经被国家收集的指标，或者那些很容易地集成在现有的调查和数据系统中的指标。在许多情况下，最合适的指标尚未收集。如果在关键的适当指标上收集数据的能力有限，这些新指标收集、分析和使用的针对性能力建设就显得十分重要了。
- 当以减少食物摄取的季节性变化影响为目标时，数据可能需要在一年中的几个时间点收集。一般不需要新的指标，而是可以在多个时间点收集相同的指标。

第五章 规划监测和评估以获得选定指标

大多数营养相关指标（第六章和第七章）将通过家庭调查收集（通常需要一个单独的答题者），这些家庭调查也是作为监测与评价系统的一部分来进行计划。这就需要为数据收集和分析制定财务规定，包括调动必要的技术援助，以确保收集高质量的数据。

- 对于家庭调查的准备和预算的有用提示可以在国际农业发展基金（IFAD）的结果和影响管理系统（RIM）手册中找到[7]。
- 在国际家庭调查网络[8]上可获得调查计划、协调和实施材料以及国家级的家庭调查信息。

当家庭调查不是监测与评价计划的一部分时，收集有关该项目如何影响营养的信息可能是具有挑战性的。一些营养相关信息可以在社区层面收集，也可以在价值链或市场调查中对参与者进行调查，包括：

- 食物环境（如市场上营养丰富的食物的价格、社区层面的生产多样性）；
- 健康和卫生环境（例如，社区中的水传播疾病的风险、供应给社区的水的质量，它可能受到农业影响）。

框架中的术语表

营养状况：在可测量的范围中，对人体的测量包括儿童发育迟缓（特定年龄低身高）、消瘦（低体重身高比）、体重过轻（特定年龄低体重）、体重指数（身体肥胖指数）、母亲体重过低（低体重指数）或微量营养状况（用生化指标测量）。

膳食：个体通常消耗的食物和饮料种类。

健康：根据世界卫生组织的定义，健康是身体、心理和社会福利的完整状态，而不仅仅是没有疾病或虚弱。尽管有这一整体定义，健康往往被衡量为没有传染性或非传染性疾病。

食物获取：基于环境和个人因素，人们用体力劳动和经济资源去获取充足的、安全的、有营养的食物来满足膳食需求。

护理实践：个人看护者的典型做法是喂养和照顾婴儿、幼儿，是由母亲自己和其他家庭成员一起完成。

健康和卫生环境：在一个人生活环境中的健康风险和保护因素。

自然资源管理实践：在这个框架的可测量范围内，可能给家庭或个人带来健康风险或保护的对水资源、作物、田地和土壤、生物多样性或动物的管理。

食物环境：易于获取，价格实惠，方便，深受人们欢迎的食物类别[9]。食物市场环境约束和引导消费者购买什么；野生和栽培的食物环境也能提供食物。食物环境的基本要素是：

- 可获取性：食物是否存在于给定的地理范围内。
- 可承受性：相对于其他食物的成本和 / 或人们收入水平的合理的食物价格。

- 方便性：获取、准备和消费食物的时间和劳动成本。
- 受欢迎程度：消费者对食物期许程度的外部影响，包括食物的新鲜度 / 完整性，食物是如何呈现的，以及它是如何销售的。这个定义不包括个人的内在品味 / 偏好，影响消费的是个人，而不是环境因素。

农场的可用性、多样性和食物安全性：影响人们获得多样性、营养性、安全性食物的农场食物环境的关键因素。

收入：家庭或个人收到的现金和非现金的工资、投资报酬或赠与收入。

妇女赋权：妇女自身的自决权和决策权，包括其对资产、收入、时间、劳动和知识的控制。

营养知识与规范：不同于实践，个人拥有的知识和影响照顾和喂养 / 膳食习惯的社会规范。

干预：农业、农村发展和食物系统项目、方案或投资。请参阅图 2 的干预类型的例子。

第六章　营养导向型关键指标总结

本章的表总结了可用于测量上述结果类别的关键指标。下面的较长的表（表6.2），总结了这些关键指标以及更多信息，并详细描述了在哪里能找到该指标（如果存在的话）以及有些已经验证过的可选取的指标。

- 表 6.1 显示了前两个目前被首推的指标：育龄妇女的最低膳食多样性 (MDD-W) 作为膳食质量的衡量标准；食物不安全体验量表（FIES）作为食物获取的衡量标准（它是 SDG2 指标）。
- 注解 1 更详细地描述了 MMD-W，包括它在农业项目中是如何

度量的以及它的局限性。

- 表 6.2 突出了重要测量的指标结构，但是一个定义良好的指标或标准方法可能不一定存在。例如，几种方法都可用来衡量家庭收入这一重要的指标，但不存在精确定义的黄金标准。
- 请注意，上表不包括护理实践和营养状况的指标。虽然一些个别项目可能确实旨在影响和测量它们，但是许多农业投资并不直接影响护理实践和营养状况。关于这些类别的指标的进一步信息将详细地列在第七章中。

表 6.1　建议的评价指标

措施的类型	指标	指标衡量的内容	资源	收集方式
膳食——个人水平	育龄妇女的最低膳食多样性（MDD-W）幼儿的最低膳食多样性（MDD 年龄 6~23 个月）	衡量膳食质量，反映总体营养充足性和膳食多样性。它不反映特定目标营养素的充足性	妇女最低膳食多样性：衡量指南 [FAO/Family Health International（FHI）360，2016][10]。评估婴幼儿喂养方法的指标（世界卫生组织，2008[11]；世界卫生组织，2010[12]）	住户调查（家庭内的个人访谈）
食物进入——家庭水平	粮食不安全经验量表（FIES）	家庭内部食物不安全感的程度。也可以测量个人	the Voices of the Hungry 网站中的指标说明[13]	家庭或个人调查

表 6.2　各种评价效果的方法

措施的类型	指标	资源	收集模式
食物的农场可用性、多样性和安全性	生产营养丰富的目标食物	营养丰富的目标食物的生产有多种方式可以定义和测量，如生产量的变化，但没有标准的方法	住户调查或农场调查
	农作物和牲畜的多样性	以营养为目的的农场多样性测量方法并没有统一的标准。文献中使用的主要有 3 种方法：（1）过去 12 个月生产的物种（作物、动物）简单计数；（2）香农指数；（3）辛普森指数[15]	
	家庭食物充足供应月份（MAHFP）	有一个来自 Bilinsky 和 Swindale（2010）的 MAHFP 指标指南[16]	
市场中的食物环境	营养丰富的目标食物在当地市场的供应情况和价格	有多种方法可以监测市场上食物的供应情况和价格，但没有标准方法；见表7.4	利用市场/价格信息系统（当其存在时）；或快速的市场调查
收入	按性别分列的收入反映了家庭内部的收入控制	建立反映家庭和个人收入的指标有多种方法。见表7.5	家庭调查和/或由项目保存的企业记录
妇女赋权	妇女获得和控制资源的权利（如土地、财产所有权）	建立反映这些结构的指标有多种方法，包括时间使用调查、定性调查和一些较新的指标；细节见表7.6	住户调查和/或定性处理
	妇女参与经济活动的权利（如作物/牲畜销售中的性别差异）		
	妇女获得和支配收益的权利（如妇女获得和支配的农业收入）		
营养（和食物安全）知识和规范	（项目特定的指标）	提供有关最常见的营养问题的知识、态度和做法问卷的指导方针（Fautsch Macías & Glasauer，2014）[17]	住户调查和/或定性处理
自然资源管理实践	获得改进的饮用水源	世界卫生组织/联合国儿童基金会联合监测计划已经建立了一套用于监测目的的、标准的饮用水和卫生类别[18]	农场调查

注解 1　妇女最低膳食多样性（MDD-W）：一个农业相关的膳食充足性指标

MDD-W 是为了有一个简单有效的指标来评估女性的膳食质量的长期需求而产生的。妇女是一个营养脆弱的群体，因为她们对微量营养素的需求有所增加，也因为，在某些环境中，她们可能在营养密集型食物的家庭内部分配中处于不利地位。近年来，农业营养导向型规划已经加强，由于妇女和儿童在关键的 1 000 天的营养问题越来越受到重视。MDD-W 提供了一种测量这些应对营养导向型成果的方法。

MDD-W 是一组简单的问题，相对传统的膳食调查需要少得多的时间和费用，因此可以包括在监测与评价系统中。它已被验证可作为营养充足的指标。此外，它可以在一定农业生态区内提供关于膳食模式的信息，以及什么是群体水平上主要消耗（或者缺失）的食物。比如，指标可以从维生素 A 富集植物的消耗或者从富含铁的食物消耗所获得。如果正确地获取并纳入决策，该信息可以提供有力的证据，为更多的营养导向型的农业生产提供政策和投资选择。

需要注意的是，MDD-W 不提供关于膳食质量或农业对膳食各方面影响的综合信息。当项目旨在增加已经广泛消费的食物或食物类别的生产和消费时，它可能无法捕捉到其中的变化。同样，它也不会反映由于摄入强化或生物强化食物所促成的营养素摄入量的增加。这些项目可以对营养产生积极影响，但需要其他度量指标。而且，它不衡量不健康食物的消费量，如超加工零食和含糖饮料，这些食物在许多情况下对膳食质量和非传染性疾病风险有负面影响。

MDD-W 是跟踪进展和提高对特定性别需求的认识的有力工具，它是粮食生产（农业）和个人消费（营养）之间链接的重要信号。通常，项目经理需要知道这个指标所反映和不能反映的信息，并且选择合适的指标来反映项目投入和影响途径。MDD-W 是一种有用的、经过验证的指标，它可以测量改善膳食质量的进展。

第七章 关于营养导向型投资的现有指标的详细纲要

　　本部分提供了投资项目简化影响路径框架（图1）中每个领域内现有指标的概要，包括描述每个指标所度量的内容，何时使用，如何收集和分析，以及与之相关的技术资源。本纲要的目的是提供可用于度量营养导向型投资结果识别指标的通用汇编。本纲要没有提供关于如何采集指标的详细指导，而是指出了相关的指导材料。

　　关于这些指标的背景和验证的更详细的信息可以从食物安全信息网（FSIN）获取（Lele et al.，2016）[19]。

表 7.1 膳食质量——个人水平

- **适用场合**：食物环境变差或个人收入降低，妇女的营养知识匮乏，对膳食质量可能产生影响的生活习惯。
- **注**：到目前为止，没有一个指标能够一劳永逸地全面覆盖膳食质量（即使是遵从膳食简易的食谱）。MDD-W 被验证有效且较易管理，但该指标不能完全衡量膳食质量，因为它是微量营养素充分性和多样性的一个指标，但并不涉及膳食中不健康的成分及其摄入量。除此之外，其他膳食质量评分指标也已建立（如健康膳食指数、膳食质量指数），但这些都需要一个完整的 24 小时后定量检测。更多的膳食质量指标正在制定中。目前有几个指标可以反映膳食质量的某些方面。

指标	测量内容	对象	数据收集	数据分析	备注
最小膳食多样性 —— 育龄妇女（MDD-W）	膳食质量的一种量度，反映营养充足和膳食多样化	育龄妇女	收集 24 小时之前所摄入的食物和饮料数据，并分为 10 类不同食物组。无须计量所摄入的食物量	可以从基本数据中得出若干指标，包括：（ⅰ）在 10 种食物组中摄入 5 组或 5 组以上的妇女比例；（ⅱ）平均膳食多样性得分；（ⅲ）食用任何特定食物组的妇女的比例，如动物源食物	**有效性** 这一指标已被证实是育龄妇女微量营养素适宜性的指标。该指标被认为是目前衡量女性膳食多样性最好、最有效的一个指标，这已成为全球共识。它取代了之前 FAO 以及 FANTA（食物与营养技术援助项目）开发的 WDDS 指标（妇女膳食多样化评分）。与以前的指标不同，它提供了育龄妇女微量营养元素需求的阈值。国际农业研究磋商组织（CGIAR）和美国国际开发署"哺育未来"项目（USAID Feed the Future）也在他们的研究分析中采用了该指标，使得该指标成为业界主流。 **临界点**（现有） 食用 10 种食物组中至少 5 种食物组的妇女，能获得充分微量营养素的概率较大。 **方法论**（标准化） 标准的数据收集和分析方法可参考：FAO/FHI 360，2016 [10]

指标	测量内容	对象	数据收集	数据分析	备注
最低膳食多样性 —— 幼儿	衡量膳食质量的指标，反映营养是否充足以及喂养膳食是否足够多样化	2岁以下幼儿	同上	在 7 种食物中，6~23 个月幼儿摄入 4 种或以上食物的比例。 有人建议将该指标根据幼儿年龄进一步拆分为：6~11 个月、12~17 个月及 18~23 个月	**有效性** 在前一天，至少摄入 7 种食物中的 4 种食物意味着，在大多数人群中，除了主食（谷物、根茎或块茎）之外，儿童很有可能至少在那一天食用了一种动物源食物和至少一种水果或蔬菜。 **临界点（现有）** 选择 4 种食物作为临界点，是因为这与母乳喂养和非母乳喂养儿童的膳食质量有关。 **方法论（标准化）** 该指标是由多个机构磋商而得，包括世界卫生组织（WHO）、联合国儿童基金会（UNICEF）、美国国际开发署、加利福尼亚大学（UC Davis）、国际食物政策研究所（IFPRI），并已由 WHO 公布（2008）[11]
最小膳食多样性 —— 育龄妇女（MDD-W）	膳食质量的一种量度，反映营养充足和膳食多样化	育龄妇女	同上	可以从基本数据中得出若干指标，包括：（i）在 10 种食物组中摄入 5 组或 5 组以上的妇女比例；（ii）平均膳食多样性得分；（iii）食用任何特定食物组的妇女的比例，如动物源食物	**有效性** 这一指标已被证实是育龄妇女微量营养素适宜性的指标。该指标被认为是目前衡量女性膳食多样性最好、最有效的一个指标，这已成为了全球共识。它取代了之前 FAO 以及 FANTA（食物与营养技术援助项目）开发的 WDDS 指标（妇女膳食多样化评分）。与以前的指标不同，它提供了育龄妇女微量营养元素需求的阈值。国际农业研究磋商组织（CGIAR）和美国国际开发署"哺育未来"项目（USAID Feed the Future）也在他们的研究分析中采用了该指标，使得该指标成为了业界主流。 **临界点（现有）** 食用 10 种食物组中至少 5 种食物组的妇女，能获得充分微量营养素的概率较大。 **方法论（标准化）** 标准的数据收集和分析方法可参考：FAO/FHI 360，2016[10]

指标	测量内容	对象	数据收集	数据分析	备注
营养素摄入量	当主要关注营养摄入量的具体信息时，这是最详细的指标	个人	定量 24 小时食物清单（即，被调查者昨天摄入的食物）		**有效性** 定量 24 小时回顾：通过抽取样本，评估总体的每日平均摄入量，需注意样本具有代表性。需多次抽样。该指标适用于不能读写的人。 称重的食物记录：根据个体的测量天数获取个体的实际摄入量和通常摄入量。准确，费时，费用花费较多。适用于可读写人群。 估计食物记录：评估个人的实际摄入量和通常摄入量。准确度取决于受试者对测量计量的责任心和能力。需要有文化的参与者。 **临界点** 营养摄入量可与每日推荐摄入量进行比较，以便获得有关的信息：（i）群体平均营养摄入量；（ii）营养摄入量不足的人口比例；（iii）按食物或营养摄入量对受试者排序。 **方法论** 测定个人食物消费的方法指南：营养评价原则（第二版）（吉普森，2005）[22]。 多通道 24 小时召回方法的有用文档。参见：吉普森和弗格森，2008[23]。 注：这个指标相较其他指标而言更为费时，且需要更多资金及训练以收集数据。 注：营养和健康的农业（A4NH）计划由 CGIAR 管理使用选定的指标来体现膳食摄入中微量营养素[24]

指标	测量内容	对象	数据收集	数据分析	备注
每天消费400克水果和蔬菜	是否符合WHO关于水果和蔬菜消费的建议	个人	定量24小时的回忆，称重食物记录或日记（见上述方法论）	前一天消耗的水果和蔬菜的克数总和	**有效性** 使用定量测量食物摄入量的技术，这将是其定义的有效指标：个人是否摄入所建议的水果和蔬菜量。 **方法论** 参见上文关于食物摄入量的定量测量
个人膳食多样性评分（IDDS）	衡量膳食质量的指标，反映营养的充足性以及膳食的多样性	2岁以上儿童	8个问题调查问卷（每个问题针对某一个食物组），或者过去24小时所摄入食物清单（即昨天儿童所摄入食物，不计量）	总分——能够计算平均数以及百分位数	**有效性** 这一指标尚未被验证作为衡量营养充足，并已由FANTA定义。它已被应用于年龄2~14岁的儿童，而针对该类人群尚缺乏有效的膳食多样性指标。 **临界点** 无临界点。 **方法论** 该指标可参见：Swindale and Bilinsky，2006[20]
特种食物/膳食多样性	膳食质量指标的代替	个人	24小时食物清单（过去24小时所摄入食物清单，不计量）	特种食物摄入量	**有效性** 该指标的有效性已在马里西部以食物频率调查问卷评估过(Torheim et al.，2003)[21]

指标	测量内容	对象	数据收集	数据分析	备注
膳食中加工／超加工食物的比例	该指标适用于有慢性疾病或肥胖症存在的情况。低比例可能意味着改进的膳食质量，降低长期疾病的风险。（Monteir et al., 2013）	个人	家庭或是个人的定量的食物消费调查	这个指标是根据超加工产品中含有的卡路里（热量）百分比构成的	**有效性** 该指标尚处于试验阶段。 **临界点** 通过食物消费调查收集食物加工信息的指南(粮农组织，2015年)[25]。 注意：本指南中没有定义一个可行的指标。 **定义** Monteiretal.（2013）[26]将"超级加工"的食物定义为"从工业原料中提炼出来的食物，由很少或完全没有食物的原材料的成分提取、提炼和改良而成"。国际癌症研究机构（IARC）对"高度加工"食物的定义：工业上准备的食物，包括来自面包店和餐饮店的食物，除了加热和烹饪之外不需要或只需极少的其他处理（此类食物如面包、早餐麦片、奶酪、调味酱、罐装食物，包括果酱、蛋糕、饼干和酱料）。Moubarac等(2014)[27]定义了四类处理：（i）未加工和最低加工食物；（ii）加工的烹饪原料；（iii）加工食物；（iv）超加工食物和饮料产品

指标	测量内容	对象	数据收集	数据分析	备注
消费维生素 A 丰富的食物	当主要考虑维生素 A 丰富的食物和 / 或当维生素 A 摄入是主要研究课题	个人	在家庭或个人层面，需要进行家庭调查	可以使用或创建适合于具体干预的多种指标。（i）在某一特定时期内至少摄入一次富含维生素 A 的食物；（ii）在某一特定时期内摄入富含维生素 A 食物的平均频率	**方法论** 根据选择的指标，可以采用 24 小时定性调查方法或食物频率问卷收集数据。与定量 24 小时回忆的定量摄入量相比，这些是更快的替代方案（见上文定量营养素摄入量）。 **一种测量食物频率方法** 海伦·凯勒国际（HKI）食物频率方法产生关于食物的可利用性、可获得性、准备和季节性的信息。它创造了黄色 / 橙色果肉水果和蔬菜，与暗绿色叶蔬菜的食物组合的分数，以提供有关富含维生素 A 食物的消费频率的信息以及有关喂养方法的信息。它可能低估了摄入母乳和其他奶品的幼儿的维生素 A 摄入量。有在线工具可以使用[28]。 **定义** 食物法典准则[29,30]提供了根据食物所提供的营养素参考值（NRV）的百分比，将食物视为不同营养素的"来源"或"高来源"的阈值。食物必须提供每 100 克 NRV 的 15% 才能被认为是营养素的"来源"。食物必须提供"源"阈值的 2 倍，即每 100 克 NRV 的 30%，被认为是营养素的"高来源"
含铁丰富的食物消费	当富含铁*的食物有针对性或铁摄入量是首要关注时有用	个人	在家庭或个人层面，需要进行家庭调查	可以有很多指标来衡量这个概念。其中一个是专门为年幼的儿童设计的："6~23 个月大的儿童接受富含铁元素的食物或专门为婴幼儿设计的强化铁食物"	**方法论** 根据选择的指标，可以采用 24 小时定性调查方法或食物频率问卷收集数据。与定量 24 小时回忆的定量摄入相比，这是更快的替代方案（见上文"定量营养素摄入量"）。 **定义** 食物法典准则[29,30]提供了根据食物提供的营养素参考值（NRV）的百分比，将食物视为不同营养物质的"来源"或"高来源"的阈值。食物必须提供每 100 克 NRV 的 15%，才能被认为是营养素的"来源"。食物必须提供"源"阈值的 2 倍，即每 100 克 NRV 的 30%，才能被认为是营养素的"高来源"

指标	测量内容	对象	数据收集	数据分析	备注
消费特定目标食物	有助于跟踪个人是否正在消费干预措施促进的食物	个人	开展家庭调查，收集家庭或个人数据		**方法论** 根据所选择的指标，可以使用 24 小时定性回忆法或食物频率问卷来收集数据。 **定义** 未来食物供给 (FTF) 指标手册[**] 给出了这类指标[28] 的三个例子，适合某干预措施特定范围和预期结果的其他方法也可以被创建。 例子包括在指定期间 (例如 1 天、1 个星期) 内进食任何特定食物；特定食物在特定期间内的进食频率 (如透过食物频率问卷)；特定食物在指定期间内的消耗量 (以克为单位的摄取量)；特定期间内的消费某一组食物的多样性 (如所食用的水果及蔬菜的多样性)

* "富含铁"的食物的定义还未确定。婴幼儿喂养指标指南是为 2 岁以下的婴儿设计的，定义"肉食，特别是为婴幼儿设计的含铁的商业强化食物，家中含铁的微量营养素强化食物或含铁的脂质基营养补充剂"。这些食物具有高生物利用度的铁，但其定义不包括也有助于铁的摄入量的植物来源的铁。这个定义不能被推广到其他年龄组。

** 最近，FTF 形成了营养导向型指标，以补充已经收集的膳食多样性指标。含有这些指标的商品必须是营养丰富的，即符合下列任何标准：（ⅰ）生物强化；（ⅱ）豆类、坚果或种子；（ⅲ）动物源性食物；（ⅳ）深黄色或橙色肉质根或块茎；（ⅴ）在每 100 克基础上有一种或多种微量营养素达到"高来源"的水果或蔬菜。

• 育龄妇女摄入特定营养丰富价值链商品的普遍度。这是一个基于人群的营养导向型价值链干预结果的指标。它测量了美国政府（USG）辅助地区的育龄妇女（15～49

岁）中在前一天摄取了一个或多个营养丰富的商品或由营养丰富的商品制成的产品的百分比，这些商品由美国政府资助的价值链活动推广。这个指标补充了"哺育未来"的指标，该项目实现了育龄妇女膳食多样性的增加。

• 6～23 个月儿童摄入特定营养丰富价值链商品的普遍度。这是一个以人口为基础的营养导向型农业干预结果的指标。它度量了美国政府（USG）辅助地区（例如，"哺育未来"的影响区）的 6～23 个月儿童中在前一天摄取了一个或多个营养丰富的商品或由营养丰富的商品制成的产品的百分比，这些商品由美国政府资助的价值链活动推广。该指标补充了"哺育未来"中婴幼儿喂养指标。

表 7.2　食物获取——家庭层面

- 何时使用：衡量干预措施是否影响粮食生产、收入、食物获取和价格的季节性变化。
- 虽然现有的粮食安全指标有很多，但衡量粮食安全（充足性、质量、可接受性、安全性、确定性/稳定性）各个 维度的一套指标尚未建立（Coates，2013）[39]。

指标	测量内容	对象	数据收集	数据分析	备注
食物不安全体验度（FIES）	食物不安全体验的严重程度	家庭或个人	调查问卷（8 个问题）	对得分设置阈值，区分被调查者所反映的不同严重程度	**有效性** 自从 2014 年起，FIES 已通过世界民意调查（Gallup World Poll），在超过 145 个国家收集信息。每个国家的数据已经由 Rasch 模型验证（项目反应理论），表明该指标可以捕捉到食物不安全的潜在特质（访问维度）。已经制定了统计技术，将国家的结果与全球标准进行校准，从而使所有国家都能进行比较。全球数据显示，FIES 在预期的方向与大多数已被接受的发展指标显著高相关，包括儿童死亡率、生长迟缓、贫困、基尼指数。 **方法论**（标准化） 对该指标的具体描述可参见饥饿之声（Voice of the Hungary）网站[13]

指标	测量内容	对象	数据收集	数据分析	备注
家庭膳食多样性分数（HDDS）	家庭获得和消费各种食物	家庭	包括一个家庭或个人在过去 24 小时内消费的不同食物类别的简单计数。收集过去 24 小时内消费的食物和饮料的数据，以确定家庭中是否有人消费来自不同食物类别的膳食。	家庭消费的食物聚集成 12 个食物组，取平均分	**有效性** 家庭膳食多样性（HDD）指标尚未在预测微量营养素充足性方面进行测试，因此不应作为家庭膳食质量的指标，尽管它可能是食物获取的有用指标。它不包括家庭外消费，所以可能会漏掉信息。 **临界点（暂无）** 目前尚无具体食物组数来表现足够的多样性分数。然而，对一个有干预措施的项目，平均家庭膳食多样性分数可由最富裕的家庭的分数来设定。 **方法（标准化）** 衡量家庭和个人膳食多样性的准则（粮农组织，2012a）[32]。请注意在本出版物中，HDDS 方法改编自 Swindale 和 Bilinsky（2006）[20]；其中描述的 WDDS 现在被新的 MDD-W 指标代替（参见上文）。总之：使用本出版物为衡量家庭膳食多样性。MDD-W 则用于衡量女性膳食多样性[10]
食物消费评分（FCS）	家庭获得各种食物的消费；按营养密度加权	家庭	在过去 7 天的回溯时间内，一个家庭的消费频率（以天为单位）的信息是从一个国家特定的食物组列表中收集的	该分数是使用调查前 7 天内一个家庭消费的不同食物类别的消费频率计算的	**有效性** FCS 已经通过家庭内人均卡路里消费以及家庭粮食安全的几个替代指标（粮食、资产和财富指数的百分比支出）进行了验证。世界粮食计划署在其监测活动中广泛使用该指标。 **阈值（可用）** 食物消费群体（FCGs）的门槛应根据得分频率和该国/地区消费行为的知识来确定。典型的门槛为：0~21 差；21.5~35 边界线；＞35 可以接受。 **方法（标准化）** 技术指导表——食物消费分析：食物安全分析中食物消费评分的计算和使用（WFP-VAM，2008）[33]

指标	测量内容	对象	数据收集	数据分析	备注
家庭粮食不安全访问量表（HFIAS）	粮食不安全经历的严重程度，需本地化调整	家庭	问题调查问卷，覆盖4个领域	回复可以分为4个等级，也可以分为0~27分	**有效性** 这个指标必须适应当地情况。若不适应，这可能是无效的。 **方法论** 参见 Coates、Swindale 和 Bilinsky（2007）[34]，可在线查阅。
拉丁美洲家庭食物安全量表	粮食不安全经历的严重程度，在拉丁美洲和加勒比海地区跨文化有效	家庭	调查模块4个领域15个问题（8个问题涉及成年人，7个涉及儿童）	回复可以分为4个等级，也可以分为0~15分	**有效性** ELCSA 的制定是考虑到家庭层面的先前经过验证的粮食不安全评估量表[美国家庭粮食安全补充模块，巴西食物安全局（EBIA）等]。 **临界点（可用）** 不同的节点指的是粮食不安全的程度。 **方法（标准化）** 参见联合国粮农组织手册（2012b）[35]，可在线查阅
家庭饥饿量表（HHS）	跨文化有效衡量粮食不安全的实际严重程度	家庭	3问题调查模块	根据评分设置阈值（0~6范围内），对受访者的严重程度进行分类	**有效性** 这个指标是衡量饥饿的跨文化有效指标，已经证明了其对内外部有效的可信度，与家庭收入和财富分数有着密切的关系。对严重的食物不安全（饥饿）最为敏感，而且较少在适度或轻微的粮食不安全情况下有用。 **临界点（可用）** 不同的分界点是指粮食不安全的程度。 **方法（标准化）** 《家庭饥饿量表：指标定义和测量指南》（巴拉德等，2011）[36]。 **使用注意事项** 美国国际开发署"哺育未来"项目采用了该量表

指标	测量内容	对象	数据收集	数据分析	备注
应对策略指数（CSI）	粮食不安全的实际严重程度，要求适应当地情况。用于识别脆弱的家庭并估计粮食安全的长期变化	家庭	通过焦点小组讨论得到一个适应当地情况的应对策略清单及其严重性权重		**有效性** 没有清楚地表明跨境，但有助于了解人们如何应对食物缺乏。 **方法（标准化）** 参见 WFP–VAM（2008）手册[37]，可在线查阅。 **使用注意事项** CSI 已被世界粮食计划署（WFP）、国际援外合作署（CARE International）和其他非政府组织使用
家庭粮食供应充足的月份数（MAHFP）	衡量过去一年中家庭食物充足情况，反映粮食安全的季节性方面	家庭		过去一年中家庭食物不足的月份数	**有效性** 在各种情况下都不明晰，但有助于理解粮食安全的季节性。 **临界点** 没有可用的截止日期，但是可以根据最高收入家庭（三分之一家庭）的充足食物供应的月份或最富裕收入来源的平均食物供应平均月份来确定目标。 **方法（标准化）** 可从 Bilinsky 和 Swindale（2010）获得[16]。 **使用注意事项** 它已被纳入所有非洲粮食安全计划的标准影响指标

上述指标的额外资源可参见：Jones 等（2013）[38]、Coates（2013）[39]、粮农组织和世界粮食计划署（2012）[40]。

表7.3　农场食物的可获得性、多样性和安全性

● 何时使用：衡量干预措施是否影响粮食生产、收入、食物获取和价格的季节性变化。

指标	测量内容	对象	数据收集	数据分析	备注
农场特定食物的供应	有用的跟踪特定的食物是否有兴趣，例如那些由干预促进的食物	家庭或社区	住户调查或观察		有多种方法可以定义这一指标，例如："在农场提供微量营养素丰富的目标食物：增加产量/减少产量，跨越季节，与没有项目对比的百分比"。美国国际开发署采用的指标是："直接受益的生产者家庭为家庭消费预留的目标营养丰富价值链产品总量"可参见：FTF，2016[31]
农场生产食物的多样性	各种营养食物的有效性度量	家庭或社区	住户调查或观察		**方法论** 没有标准或有效的方法测定农场多样性的营养目的。文献中使用的3种方法包括：（i）过去12个月里生产的物种简单计数（作物、动物和植物）；（ii）香农指数[14]；（iii）辛普森指数[15]
功能多样性指数	各种富含营养食物的有效性度量	家庭或社区	住户调查和观察	见：Remans et al.，2011	**方法论** 非洲乡村种植系统的营养多样性评价。见：Remans et al.，2011[41]
主要生物强化农作物的生产比例	农田主要作物微量营养素的替代物	家庭或社区	家庭或社区调查		这不是一个标准的验证措施，但可用于项目，寻求通过生物强化作物产量增加微量营养素的摄入量

指标	测量内容	对象	数据收集	数据分析	备注
实施良好农业规范 *	项目以农业生产安全为目标 **	家庭或社区	农民调查或观察捕捉 KAPs（知识、态度和行为）		不同项目适用不同指标。提高粮食生产安全的具体做法将取决于生产系统的性质。这些做法可能与农药或兽药的使用有关；价值链特定的养殖做法；农场的储存做法；其他卫生做法（农产品的清洗）。如果有一套法定的标准做法，可选用指标的一个例子是：初级生产者遵守做法的百分比；初级生产者认证增加的百分比
粮食损失 ***	收获后的损失	社区、农场和农田			没有统一的概念，定义和测量技术已被用于不同的研究项目来估计损失。 对现有评估粮食损失指标体系的审查包括了对收获过程、脱粒/脱壳、清洗、干燥、贮存、运输、加工、包装和 / 或由于昆虫、霉菌和害虫危害等过程中运用的各项技术。 更多的信息可以参见 GSARS（Global Strategy to improve Agricultural and Rural Statistics）[42]

* 良好农业规范（GAP）是提高从农场到餐桌的食物和饲料安全的必要前提，它们的应用可以用来衡量食物和饲料生产安全。然而，需要谨记的是，单独采用 GAPs 并不能保证产品不受污染物危害，因为工艺标准可能会对最终产品的特性产生影响。用以保证食物和饲料安全性的价格不菲的分析技术是检测污染物存在的唯一方法。因此，建议在确定方案和项目的食物安全指标时，应该采用基于风险的方法来考虑从农场到餐桌的全生产过程。对此，我们建议与当地食物安全专家联系来帮助项目官员从方案和项目设计的早期阶段就应用这一方法。

** 由于农用化学品的使用，化学污染物可以存在于食物和饲料中，如农药残留和兽药残留、环境污染（水、空气或土壤污染）、食物加工过程中形成的交叉污染以及自然毒素。

*** 为谷物开发的一些方法可被应用到其他作物，以及新的作物特定的方法可以被扩展使用。

表 7.4 市场上的食物环境

● **适用场合**：如果干预影响到食物的供应、价格、市场或安全，或者了解收入如何可能转化为食物购买。

● 在市场上获取多样性食物的可用性、可负担性、便利性和可获得性的指标目前很少。

指标	测量内容	对象	数据收集	数据分析	备注
市场上特定食物的供应情况	用于追踪感兴趣的特定的食物，例如那些由干预促进的食物	市场	已有的市场/价格信息系统；快速的市场调查，如果无法完成，在某个时间点或季节/对价值链参与者进行调查		**方法论**（非标准化） 这个指标可以有多种定义，例如"投资促进食物市场的有效性"（数量/四季）。 注：根据干预活动，适当增加与农业生产有关的指标，以增加营养丰富的食物的可用性。例如，减少收获后营养丰富食物的损失；实施保留营养价值的加工技术
市场上特定食物的价格	用于判断特定食物是否是可负担得起的，例如那些被干预的食物	市场	已有的市场/价格信息系统；快速市场调查，如果无法完成，在某个时间点或季节进行调查		可以定义这种指标的各种方法，如"与项目无关的地区相比，在项目领域投资促进的食物价格"
食物价格	用于判断一篮子食物是否是负担得起的	市场	已有的市场/价格信息系统；快速市场调查，如果无法完成，在某个时间点或季节进行调查		通常情况下，基本食物篮的价格会被跟踪，通常不是基于营养的膳食。 主要谷物的价格往往是由联合国粮农组织[43]和 WFP-VAM 监测[44]
健康膳食的代价	满足宏观和微量营养素或食物指南最低要求的最低膳食费用	社区	没有标准化的方法。示例方法是"拯救儿童"项目发布的	线性规划	"拯救儿童"试行了一种方法，"量化家庭在多大程度上能够养活 2 岁以下的儿童和五口之家，其膳食符合宏观和微量营养素的最低要求"[45]。 其他资料由美国国际开发署发布（USAID）[46]

指标	测量内容	对象	数据收集	数据分析	备注
功能多样性指数	获得各种营养食物的方法	家庭或社区		见：Remans et al.，2011	指标的描述可见：Remans et al.，2011 [41]
食物环境中的食品安全指标*		市场	市场级样品采集		具体指标没有明确定义，但可能包括： – 减少向消费者提供的产品中化学或微生物污染物的百分比； – 符合特定产品国家法规的产品合格率，抽样指导工具可在线获取 [47, 48]。 注：有代表性的样品可能非常昂贵，取样地点 / 取样时间之间可能发生较大变化
供应链中的食物损失	在特定供应链的不同环节中可供人类食用的安全和营养食物质量的减少量	供应链	对生产商、加工者或手工业者 / 销售者和其他知识渊博的供应链人员进行评估，辅以充足和准确的观察和测量，并进行总结	结果包括定性和定量两方面的内容	具体指标没有得到很好的界定，但有一些技术可用于估计供应链上的粮食损失：全球粮食损失和减少浪费倡议（保存粮食）实地案例研究方法 [49]

* 在食物生产中实施良好的卫生习惯可以在食物安全中发挥重要作用。对具体指标没有明确定义，定义将取决于项目的背景和干预措施。该方法包括对价值链的参与者的调查。可以在网上找到其他的资料。

- 粮农组织食物安全和质量网站 [50]。
- 推荐的国际行为规范守则——食品卫生通则 [51]。
- 食物法典标准、指南和咨询文本 [52]。

表 7.5　收入

- 适用场合：如果干预影响到家庭收入，换句话说，假设干预影响了食物或医疗保健服务购买。
- 方法论取决于环境：在一些地方，人们可以报告家庭收入；在其他地方，自己的生产占收入的很大一部分，因此必须通过消费调查或财富指数来估算。

指标	测量内容	对象	数据收集	数据分析	备注
财富指数/贫困水平	财富/社会经济地位，收入的指标	家庭	存在多种方法，所有这些方法都是基于家庭调查		该指标包含一个财富指数。贫穷率通常由政府监督。另有一个区分性别的财富指标可在线查阅[53]
农产品销售	归因于项目实施的增量销售额（在农场级收集）	家庭	住户调查和/或企业记录		美国国际开发署（USAID）采用指标"因'哺育未来'项目的实施而使销售增加的价值（农场级）"。可参见：FTF，2016[31]
收入或消费		家庭	住户调查和/或企业记录。一个详细的家庭消费调查通常不是作为一个单一的项目来开展，在大多数国家是作为家庭消费与支出调查的一部分［包括生活标准和测量研究（LSMS），家庭预算调查（HBS）等］		可以通过多种方法定义该指标*。大多数对于农业、郊区发展以及供应链的研究项目均预期能提升收入，并致力于在研究项目设计阶段即通过基于农作物预算、农场模型及企业模型的经济可行性分析（EFA）来证明此点。可参考由 IFAD 开发（FAO 投资中心也有贡献）的 EFA 指南。第一卷（《基本概念和基本原理》）已出版并可在网上查阅[54]。2016 将再出版两卷，最后一卷包括一系列个案研究，包括一份关于营养导向型农业投资的研究报告。这些预计增加的收入应在项目实施过程中加以监测

指标	测量内容	对象	数据收集	数据分析	备注
家庭资产指数	家庭内部的关键资产	家庭	家庭资产清单可以作为家庭调查的一部分收集起来	一组关键资产清单可以从一个农村环境应用到另一个农村地区。最终资产清单的组成应反映不同的消费者偏好。一旦编制了清单，每一资产就被赋予单位货币价值，然后计算家庭拥有的所有资产总价值的指数	该指标的基础假设是，在关键消费耐用品上投入更多的家庭在经济上更安全，亦即他们有更多的收入。资产指数在《测量生活影响：生活指标检测》中被提及，该报告由 Livelihood Monitoring Unit (LMU) Rural Livelihoods Program CARE Bangladesh 发布[55]

* 例如，"项目导致的农场和农场收入（包括由当时项目所推动的微型企业）增加"或者"由于项目所致的家庭收入提高至贫困线以上的普遍性"。

表7.6 妇女赋权

- 适用场合：应在性别对收入和时间的影响上作一定研究评估，以确保公平。
- 鉴于指标尚未定量验证，主要在定性方面进行评估。
- 赋予妇女权力有以下几个方面：收入、时间/劳动、资产、知识、决策等，每一个方面可能受到干预的影响，但程度不同或更多或不那么明显。重要的是要衡量干预最有可能受到影响的方面。

指标	测量内容	对象	数据收集	数据分析	备注
农业指标中的妇女赋权（WEAI）	一种综合测量工具，表明妇女对其生活中重要部分如家庭、社区和经济的掌控程度	妇女	家庭调查	它衡量五个领域：（i）关于农业生产的决定；（ii）对生产性资源的获取和决策权；（iii）控制收入的使用；（iv）社区领导地位；（v）时间使用。它还衡量妇女在家庭中相对于男子的权力。由于干预，指数的某些成分可能更容易改变。指数的组成部分可以按各领域中没有赋权的妇女的比例单独列示。对比男性得分可以看出赋权方面的性别差距	该指标能识别没有被充分赋权的女性，并有助于了解如何增强其自主性。**方法论** — 国际食物政集研究中心妇女赋权的农业指标，2012[56]；— 《农业指标中的妇女赋权教学指导》（Alkire et al.，2013[57]）
妇女对收入的控制	妇女控制收入使用的决定程度。没有标准的方法	妇女	家庭调查；妇女应作为被调查者	收集那些可以反映妇女决定农场收入如何花费的数据（可以修改，包括从其他创收活动中获得收益）	**方法论** 农业性别统计工具包：收入和支出调查表[58]

指标	测量内容	对象	数据收集	数据分析	备注
妇女的时间使用和劳动	每日投入在家庭中的时间百分比，包括付费和非付费工作。家庭分工和责任分工	妇女	国家的时间使用调查表的详细方法，或使用时间日记或 24 小时回顾的简化方法。这些信息也可以通过诸如焦点小组讨论等定性方法获得	时间使用数据按时间使用类别进行分析（如农业工作、休闲、儿童养育等）	可能对确保项目不会给妇女造成不必要的时间负担是有用的。 24 小时回溯法（用于比较）。受访者不保留自己的日记，而是询问她们如何使用和分配前一天的时间。时间日记法。其基本目标是使被调查者能够报告在规定时间内进行的所有活动和每项活动的开始和结束时间。日记有两种基本类型：全职日记和简化时间日志。直接观察法。被观察者的时间利用被记录下来。观察可以在连续的一段时间内进行，也可以随机地挑选若干时间点。 **方法论** WEAI 时间模块可参见 IFPRI 的《农业指标中的妇女赋权》（2012）[56]。 农业性别统计工具包：劳动和时间使用调查表[59]。这里提供的数据收集方法的描述： 《生产时间使用统计指南：有报酬和无报酬的计量》。（联合国经济和社会事务部，2005）[60]。 网上还提供了一些进一步的资料（联合国性别统计数字）[61]

指标	测量内容	对象	数据收集	数据分析	备注
按性别划分的资产所有权	衡量获得生产资源的能力，如：（i）土地和水；（ii）农业投入；（iii）农具、资产和技术；（iv）信贷；（v）推广服务和培训方案	妇女	家庭调查；妇女应作为被调查对象		**方法论** 粮农组织农业性别统计工具包提供了已经制定的调查表和问题的范例：获得生产资源的调查表[62]
理解公平、时间使用和收入	妇女赋权	妇女	焦点小组、访谈、观察		**方法论** 定性调查可以采取多种形式，但最近有两种指南定性地理解性别平等： （1）关心性别（CARE Gender）工具包[63]； （2）Land O'Lakes（2015）的《在整个项目生命周期中整合性别》[64]

额外的资料可参见：Alkayet 等（2013）[65]、MalAPIT 等（2014）[66]、世界银行和粮农组织（2009）[67]。

表 7.7　营养与食物安全知识与规范

● 适用场合：当干预促进某些营养行为或信息时，或了解不同人群摄入特定食物的可能性或总体膳食模式。

指标	测量内容	对象	数据收集	数据分析	备注
营养和食物安全相关指标	在社区层面衡量营养以及食物安全知识及态度（KAP）	通常是妇女	住户调查和 / 或定性过程		这些指标将针对具体项目，取决于促进何种知识或行为。 **有效性** 知识和态度不是指物理对象，而是心理和主观概念。因此，不可能在 KAP 调查中验证有关知识和态度的结果，因为没有可供参考的客观基准。 **方法论（标准化）** 粮农组织评估营养相关知识、态度和做法的准则(2014)[17]包括预定义的问卷、获取有关最常见营养问题的关键知识、态度和做法的信息。 注意：如果有时需要在项目中评估农业知识（例如改进实践知识），可以添加相关的营养知识
在食物安全方面促进的具体行为的变化	对家庭（消费者）安全水平的认识	家庭或社区	住户调查和 / 或定性过程		指标将提供具体干预。它们也可以围绕 WHO 5 个安全食物的关键概念而建立起来[68]

表 7.8　护理实践

● 适用场合：当干预促进某些营养行为或信息时，或了解不同人群摄入特定食物的可能性或总体膳食模式。

指标	测量内容	对象	数据收集	数据分析	备注
母乳喂养的指标	母乳喂养的频率、持续时间或完整性	2岁以下儿童（主要）	回顾前一天情况，通过家庭调查进行数据收集		世界卫生组织（WHO）指标指南中定义了若干母乳喂养指标。 **有效性** 这些指标对于收集2岁以下儿童的喂养行为非常有用，但对这些指标它们本身却没有任何验证。 **方法论** 评估婴幼儿喂养方式的指标（WHO，2008）[11, 12]。 如果该项目包括一个侧重于婴儿喂养的营养教育部分，或确保对妇女母乳喂养的时间/能力没有任何损害，这些可能是有益的
最低可接受膳食（MAD）	这个指标结合了：(i)膳食多样性（营养密度的替代指标）的标准；(ii)母乳喂养状态下的喂养频率（能量密度的替代指标）。从而提供了一种有用的方法来追踪进展，同时改善儿童膳食的关键质量和数量	2岁以下儿童	回顾前一天情况，通过家庭调查进行数据收集	这是一个综合指标：虽然它是幼儿膳食质量的一个指标，但它主要是护理行为的一个指标，因为这些因素在很大程度上决定了儿童的膳食质量。可以用来计算6~23月龄儿童接受MAD的比例	**有效性** 对最低膳食多样性组成部分进行了验证研究（见膳食质量部分），而不是在综合指标上。 **方法论** 评估婴儿和幼儿喂养行为的指标——世界卫生组织（WHO）公布的最低可接受膳食（2008）[11, 12]

指标	测量内容	对象	数据收集	数据分析	备注
最低进食频率	非母乳喂养儿童摄入能量的替代指标	2岁以下儿童	回顾前一天，通过家庭调查进行数据收集	接受母乳喂养和非母乳喂养的6~23月龄儿童的比例，接受固体、半固体或软性食物（但也包括非母乳喂养儿童的母乳喂养）的最低进食次数	**截止** 最小值定义为： －母乳喂养6~8个月婴儿每天2次； －母乳喂养9~23个月儿童每天3次； －非母乳喂养6~23个月儿童每天4次； －"膳食"包括膳食和零食（不包括零碎少量的食物）频率是基于照顾者报告。 **方法论** 评估婴儿和幼儿喂养行为的指标——世界卫生组织公布的最低用餐频率（WHO，2008）[11,12]

MDD（6~23月儿童）详见表7.1[11,12]

附加信息：

● 如果早期儿童发展是一个重要的目标或是其他部门或项目合作的结果，婴幼儿监护和教育的代表指标可能就是有意义的。两类指标包括：

— 对环境测量的家庭观测（HOME）：访谈与直接观察相结合。面试者将特定的时间长度作为谈话的框架来要求看护者专注在一周中具
体一天的事实。HOME需要45分钟到60分钟以及需要熟练、训练有素的面试官。在发展中国家使用时还需要大量的改进。另外，HOME需要大量的观察，这就难以进行标准化。
HOME没有规范的管理程序；得到的信息也是局限于单人、单次和单场景的，这可能并不能代表孩子的全部生活条件（Totsika and Sylva，2004[69]；Iltus，2006[70]）。

— 家庭照顾指标（FCI）：是从HOME指标中衍生而来用以在较大人群中测量家庭行为。FCI问卷是由联合国儿童基金会组织的专家小
组在几个国家进行初步尝试的（Hamadani et al.，2010）[71]。

表 7.9　自然资源管理实践、健康和卫生环境*

- 适用场合：当干预影响土壤或水的管理，或牲畜与人的相互作用时。
- 这些指标取决于农业活动可能影响的自然资源与健康环境领域，针对具体项目特定的。
- 农业干预最相关的健康和卫生环境的维度包括水的数量和质量、对食物安全有影响的环境污染、农用化学品暴露、人畜共患病或水媒传染病和儿童游乐区卫生（家里或附近存在动物）。

指标	测量内容	对象	数据收集	数据分析	备注
饮用水水源的改善	见备注中的指标定义	家庭	家庭调查		指标定义 已经确定了下列具体指标： （1）在过去 2 周不间断地（间断少于 2 天）使用改进饮用水源人口的百分比（水源全年大肠杆菌含量小于 10 个 /100 毫升，所有家庭成员在需要的时候都可以使用）。 （2）使用改进水源取水往返时间在 30 分钟以内的人口百分比。 WHO/ 儿童基金会联合监测方案建立了用于监测目的的饮用水和卫生分类标准[72, 73]
家庭内或附近存在动物	表明环境性风险	家庭	家庭调查		没有具体的指标和方法
水资源可持续获得性和用水效率措施的可持续性	见备注	5 岁以下儿童	家庭调查		可能的指标将取决于项目内容和干预措施。 它们可以包括： – 水交付量与需求量的百分比； – 获得用水保障的农民人数。 这些样本指标取自 IFAD 的《结果和影响管理系统（RIMS）手册》（2014）[7]

指标	测量内容	对象	数据收集	数据分析	备注
生物多样性营养指标	表明所消费的食物的亚种/品种多样性	家庭或个人	家庭调查		**定义** 该指标计算消耗食物的品种，并通过足够详细的描述确定属、种、亚种和变种/品种与至少一种营养素或其他生物活性组分的值。 FAO 生物多样性的营养指标，2008 [74、75]
食物供应中的水或环境污染		家庭或社区			指标将取决于项目内容和干预措施。可能与下列指标有关： – 用于食物生产的水质（从初级生产到消费者）； – 土壤污染（自然的、工业的）； – 农民/生产者采取的改善实践（在农业实践中的改进；改变土壤的使用）； – 处理/生产废水的百分比（这是 SDG 6.3 测量的一个指标）
水资源可持续获得性和用水效率措施的可持续性	见备注	5 岁以下儿童	家庭调查		可能的指标将取决于项目内容和干预措施。 它们可以包括： – 水交付量与需求量的百分比； – 获得用水保障的农民人数。 这些样本指标取自 IFAD 的《结果和影响管理系统（RIMS）手册》（2014）[7]

* 项目经理可能希望参考标准卫生指标来了解健康环境，即使农业/食物投资可能不会影响这些指标。世界卫士组织/联合国儿童基金会联合监测方案建立了一套用于监测目的的饮用水和卫生标准类别 [72、73]。包括：

- 家庭基本洗手设施的使用：
  - 家庭成员经常使用的洗手设施中有肥皂和水的家庭百分比；
  - 在卫生设施内或附近的洗手设施中有肥皂和水的家庭百分比；
  - 在食物准备区内或附近的洗手设施中有肥皂和水的家庭的百分比。
- 足够的卫生设施的使用：
  - 使用适当卫生设施的人口百分比。

表 7.10　营养状况：人体测量指标

● 注：如上文所述，这些指标对农业项目短期变化往往不导向型。
● 关于儿童成长指标及其解释的进一步信息参见 WHO 网站[76]。
● 相应年龄的参考标准见 WHO 发布于其网站的儿童生长标准。

指标	测量内容	对象	数据收集	数据分析	备注
发育迟缓	年龄身高	5 岁以下儿童	家庭调查	<–2 Z 分数为中等水平；<–3 Z 分数为严重水平的临界值	需要携带高度板来测量儿童身高和进行精确测量的特殊训练。 需要明确儿童的月龄。 通常在许多小规模干预措施和短时间内不允许表现出明显的变化
消瘦	身高体重	5 岁以下儿童	家庭调查	<–2 Z 分数为中等水平；<–3 Z 分数为严重水平的临界值	需要携带高度板和秤来测量高度和重量
体重过轻	年龄体重	5 岁以下儿童	家庭调查	<–2 Z 分数为中等水平；<–3 Z 分数为严重水平的临界值	需要携带秤来测量儿童的体重；需要明确儿童的月龄
母亲体重 / 体重指数	体量千克数 / 身高米平方	通常为成年女性	家庭调查	<18.5 是低体重临界值；> 25 是许多国家超重临界值；> 30 是肥胖临界值	需要携带秤来测量妇女的体重

额外的资料参见：Cogill（2003）[78]、联合国（1986）[78-79]、儿童基金会《协调营养营养训练计划：衡量个体营养缺乏》[80]。
人体测量的有用的信息和技术可以在 IFAD 的《基线、中期和影响调查的实践指导》中找到[81, 82]。

表 7.11 营养状况：生化指标

- 注：如上文所述，这些指标不适用于所有项目，因为这些指标收集成本比其他指标更昂贵、对人体更具侵略性，而且许多项目短期内不会影响这些指标。
- 这张表包括许多人口缺乏的营养素指标，并满足这两个标准：（i）它们可能受到农业活动所提供的食物的影响；（ii）可以以合理的精度和成本在个人水平上进行计量。其他重要微量营养素（碘、锌、维生素 B_{12}）不符合这些标准。

指标	测量内容	对象	数据收集	数据分析	备注
铁营养状况	测试人体内的含铁量是否足够	通常为妇女或5岁以下儿童	需要收集血液为3~4个不同的铁生物标志物进行测试，通常也需要测试炎症		评估人群铁状况：世界卫生组织/疾病控制和预防中心技术咨询联合报告（WHO和CDC，2007）[83]
贫血	血红蛋白水平	通常为妇女或5岁以下儿童	血液样本	将数据与WHO确定公共健康重要性的普遍阈值进行比较	评估贫血的血红蛋白浓度和WHO网站的严重程度评估文件（WHO，2011）[84]
维生素A营养状况	测试人体内的维生素A是否足够	通常为妇女或5岁以下儿童	临床症状（结膜干燥斑、干眼症）；采血；母乳收集。通常也需要测试炎症	血清视黄醇或母乳视黄醇	关于在监测和评价干预措施中评估维生素A缺乏的参考文件，可参见WHO网站（WHO，1996）[85]

另外的细节内容见Gibson（2005）[22]描述。其他重要微量营养素包括碘、锌和维生素B_{12}。尽管农业项目可能会影响有助于改善营养状况的富含锌和富含维生素B_{12}的食物的消费，但是在个体水平对这些营养素进行测量通常是非常困难和昂贵的。碘通常不受农业影响（除非土壤施碘肥）。更多信息可参见：

- 锌：血浆或血清锌水平是评价锌缺乏最常用的指标，但由于严格的稳态控制机制，它们并不一定反映细胞锌状态 (Prasad，1985) [86]。
- 维生素B_{12}用血样进行评估。更多信息参见粮农组织网站[87]。
- 碘状况通常通过尿液样本进行检测（临床症状：甲状腺肿和精神功能受损）。即使人群的尿碘中位数浓度达到了碘充足，甲状腺肿也可能会持续，甚至更易出现在儿童中。

参考文献：

— 《碘缺乏病的评价及消除监测》（第三版），世界卫生组织（2007）[88]。

— 《食物与营养数字2014》，粮农组织（2014）[89]。

参考文献

1 FAO/WHO. 2014a. *Rome declaration on Nutrition*. Outcome of the Second International Conference on Nutrition Rome, 19-21 November 2014, Rome, FAO. Available at: www.fao.org/3/a-ml542e.pdf

2 FAO/WHO. 2014b. *Framework for Action*. Outcome of the Second International Conference on Nutrition Rome, 19-21 November 2014, Rome, FAO. Available at: www.fao.org/3/a-mm215e.pdf

3 United Nations. 2015. *Millennium Development Goals Report, 2015*. New York, USA, United Nations. Available at: www.un.org/millenniumgoals/2015_MDG_Report/pdf/MDG%202015%20rev%20(July%201).pdf

4 FAO. 2015. *Key recommendations for improving nutrition through agriculture and food systems*. Rome, FAO. Available at: www.fao.org/3/a-i4922e.pdf

5 Herforth, A., Dufour, C. & Noack, A.L. 2015. *Designing nutrition-sensitive agriculture investments: checklist and guidance for programme formulation*. Rome, FAO. Available at www.fao.org/3/a-i5107e.pdf

6 Herforth, A. & Ballard, T. 2016. Nutrition indicators in agriculture projects: current measurements, priorities and gaps. *Global Food Security*. Available at: www.sciencedirect.com/science/article/pii/S2211912341530010 9 (accessed 25.08.2016)

7 IFAD. 2014. *Results and Impact Management System (RIMS) handbook*. Rome, IFAD. Available at: www.ifad.org/documents/10180/9c36cfc5-28d3-401e-b30c-acec8d6acd00 (accessed 29.08.2016)

8 International Household Survey Network. [Website] Available at: www.ihsn.org/home/ (accessed 30.08.2016)

9 Herforth, A. & Ahmed, S. 2015. The food environment, its effects on dietary consumption and potential for measurement within agriculture-nutrition interventions. *Food Security* 7(3): 505-520. Available at: http://link.springer.com/article/10.1007/s12571-015-0455-8 (accessed 25.08.2016)

10 FAO/FHI 360. 2016. *Minimum Dietary Diversity for Women: a Guide for Measurement*. Rome, FAO. Available at: www.fao.org/3/a-i5486e.pdf

11 WHO. 2008. *Indicators for assessing infant and young child feeding practices: conclusions of a consensus meeting held 6–8 November 2007 in Washington D.C.* Geneva, WHO. Available at: www.who.int/maternal_child_adolescent/documents/9789241596664 (accessed 25.08.2016)

12 WHO. 2010. *Indicators for assessing infant and young child feeding practices. Part 2-Measurement*. Geneva, WHO. Available at: www.who.int/nutrition/publications/infantfeeding/9789241599290 (accessed 09.09.2016)

13 FAO Voices of the Hungry project. Available at: www.fao.org/in-action/voices-of-the-hungry/en/#.V8WB6Ft96Uk (accessed 30.08.2016)

14 Shannon index- Biodiversity calculator. Available at: www.alyoung.com/labs/biodiversity_calculator.html (accessed 25.08.2016)

15 Simpson index- Biodiversity calculator. Available at: www.alyoung.com/labs/biodiversity_calculator.html (accessed 25.08.2016)

16 Bilinsky, P. & Swindale, A. 2010. *Months of Adequate Household Food Provisioning (MAHFP) for Measurement of Household Food Access: Indicator Guide* (v.4). Washington, D.C., FHI 360/FANTA. Available at: www.fantaproject.org/sites/default/files/resources/MAHFP_June_2010_ENGLISH_v4.pdf

17 Fautsch Macías, Y. & Glasauer, P. 2014. *Guidelines for assessing nutrition-related Knowledge, Attitudes and Practices*. Rome, FAO. Available at: www.fao.org/3/a-i3545e.pdf

18 vWHO/UNICEF. Joint Monitoring Programme standard set of drinking-water and sanitation categories. Available at: www.wssinfo.org/definitions-methods/watsan-categories (accessed 25.08.2016)

19 Lele, U., Masters, W. A., Kinabo, J. Meenakshi J.V., Ramaswami, B., Tagwireyi, J., Bell W.F.L. & Goswami, S. 2016. *Food Security and Nutrition: An Independent Technical Assessment and User's Guide for Existing Indicators*. Rome, FAO, Washington DC, IFPRI and Rome, WFP. Available at: www.fao.org/fileadmin/user_upload/fsin/docs/1_FSIN-TWG_UsersGuide_12June2016.compressed.pdf

20 Swindale, A. & Bilinsky, P. 2006. *Household Dietary Diversity Score (HDDS) for Measurement of Household Food Access: Indicator Guide* (v.2). Washington, D.C., FHI 360/FANTA. Available at: www.fantaproject.org/sites/default/files/resources/HDDS_v2_Sep06_0.pdf

21 Torheim, L.E., Barikmo, I, Parr, C.L., Hatloy, A., Ouattara, F. & Oshaug, A. 2003. Validation of food variety as an indicator of diet quality assessed with a food frequency questionnaire for Western Mali. *Eur J Clin Nutr* 57: 1283–1291. Available at: www.nature.com/ejcn/journal/v57/n10/pdf/1601686a.pdf

22 Gibson, R. S. (2005). *Principles of Nutritional Assessment* (second edition). Oxford, Oxford University Press

23 Gibson, R. S. & Ferguson, E. L. 2008. *An interactive 24-hour recall for assessing the adequacy of iron and zinc intakes in developing countries*, HarvestPlus Technical Monograph 8. Washington, DC, IFPRI and Cali, International Center for Tropical Agriculture (CIAT). Available at: www.ifpri.org/sites/default/files/publications/tech08.pdf

24 CGIAR. 2014. CGIAR Research programme on Agriculture for Nutrition and Health. Extension proposal 2015-2016 submitted to the CGIAR consortium board, April 2014. Available at: http://a4nh.cgiar.org/files/2014/03/A4NH-Extension-Proposal-2015-2016FINAL.pdf

25 FAO. 2015. *Guidelines on the collection of information on food processing through food consumption surveys*. Rome, FAO. Available at: www.fao.org/3/a-i4690e.pdf

26 Monteiro, C. A., Moubarac, J.C., Cannon, G., Popkin, S. W. Ng, B. 2013. Ultra-processed products are becoming dominant in the global food system. *Obesity reviews* 14 (2): 21-28. Available at: http://onlinelibrary.wiley.com/doi/10.1111/obr.12107/full (accessed 30.08.2016)

27 Mubarac, J.C., Batal, M., Martins, A. P., Claro, R. 2014. Processed and ultra-processed food products: consumption trends in Canada from 1938 to 2011. *Can J Diet Pract Res. 2014 Spring*; 75(1):15-21. Abstract available at: www.ncbi.nlm.nih.gov/pubmed/24606955 (accessed 25.08.2016)

28 Persson, V., Greiner, T., Bhagwat, I.P. & Gebre-Medhin, M. 1998. The Helen Keller international food frequency method may underestimate vitamin A intake where milk is a normal part of the young child diet. *Ecology Of Food And Nutrition* 8: 67-69. Available at: www.researchgate.net/publication/254230027_The_Helen_Keller_International_Food_Frequency_Method_may_underestimate_vitamin_A_intake_where_milk_is_a_normal_part_of_the_young_child_diet (accessed 30.08.2016)

29 Codex Alimentarius. *Guidelines on nutrition labelling* (Rev 2013 and 2015). Rome, FAO, Geneva, WHO. Available at: www.fao.org/input/download/standards/34/CXG_002e_2015.pdf

30 Codex Alimentarius. *Guidelines for use of nutrition and health claims*. 1997. Rome, FAO, Geneva, WHO. Available at: www.fao.org/input/download/standards/351/CXG_023e.pdf

31 Feed the Future. 2016. *Indicator Handbook: Definition Sheets.* Updated 2016. Working document describing the indicators selected for monitoring and evaluation of the U.S. Government's global hunger and food security initiative, Feed the Future. Washington, DC. Feed the Future. Available at: https://feedthefuture.gov/sites/default/files/resource/files/Feed_the_Future_Indicator_Handbook_25_July_2016.pdf

32 FAO. 2012a. *Guidelines for measuring household and individual dietary diversity.* Rome, FAO. Available at: www.fao.org/docrep/014/i1983e/i1983e00.htm (accessed 26.08.2016)

33 WFP-VAM. 2008. *Technical Guidance Sheet - Food Consumption Analysis: Calculation and Use of the Food Consumption Score in Food Security Analysis.* Available at: www.wfp.org/content/technical-guidance-sheet-food-consumption-analysis-calculation-and-use-food-consumption-score-food-s (accessed 26.08.2016)

34 Coates, J., Swindale A. & Bilinsky, P. 2007. *Household Food Insecurity Access Scale (HFIAS) for Measurement of Household Food Access: Indicator Guide* (v. 3). Washington, D.C., Food and Nutrition Technical Assistance Project (FANTA), Academy for Educational Development. Available at: www.fao.org/fileadmin/user_upload/eufao-fsi4dm/doc-training/hfias.pdf

35 FAO. 2012b. *Escala Latinoamericana y Caribeña de Seguridad Alimentaria (ELCSA): Manual de uso y aplicación.* Rome, FAO. Available at: www.fao.org/docrep/019/i3065s/i3065s.pdf

36 Ballard, T., Coates, J., Swindale, A. & Deitchler, M. 2011. *Household Hunger Scale: Indicator Definition and Measurement Guide.* Washington, DC, Food and Nutrition Technical Assistance II (FANTA II) Project, FHI 360. Available at: www.fantaproject.org/monitoring-and-evaluation/household-hunger-scale-hhs (accessed 26.08.2016)

37 WFP-VAM. Coping Strategies Index (CSI). Available at: http://resources.vam.wfp.org/node/6 (accessed 26.08.2016)

38 Jones, A.D., Ngure, F. M., Pelto, G. & Young, S. L. 2013. What are we assessing when we measure food security? A compendium and review of current metrics. *Adv Nutr.* 4: 481-505. Available at: www.fao.org/fileadmin/templates/ess/documents/meetings_and_workshops/cfs40/001_What_Are_We_Assessing_When_We_Measure_Food_Secuirty.pdf

39 Coates, J. 2013. Build it back better: Deconstructing food security for improved measurement and action. *Global Food Security* 2(3):188–194

40 FAO/WFP. 2012. *Household Dietary Diversity Score and Food Consumption Score: A joint statement.* Available at http://documents.wfp.org/stellent/groups/public/documents/ena/wfp269531.pdf

41 Remans, R., Flynn, D.F.B., DeClerck, F., Diru, W., Fanzo, J., Gaynor, K., Lambrecht, I., Mudiope, J., Mutuo, P.K., Nkhoma, P., Siriri, D., Sullivan, C. & Palm, C.A. 2011. Assessing Nutritional Diversity of Cropping Systems in African Villages. *PLoS ONE* 6(6). Available at: http://journals.plos.org/plosone/article?id=10.1371%2Fjournal.pone.0021235 (accessed 26.08.2016)

42 Global Strategy to improve Agricultural and Rural Statistics (GSARS). [Website] Available at: http://gsars.org/en/ (accessed 26.08.2016)

43 FAO Food Price Monitoring and Analysis. [Website] Available at: www.fao.org/giews/food-prices/home (accessed 29.08.2016)

44 WFP- VAM Food and Commodity Prices Data Store. [Website] Available at: http://foodprices.vam.wfp.org/ (accessed 29.08.2016)

45 Save the Children The Minimum Cost of A Healthy Diet. [Website] Available at: www.savethechildren.org.uk/resources/online-library/the-minimum-cost-of-a-healthy-diet (accessed 29.08.2016)

46 USAID Cost of the Diet (CoD). [Website] Available at: www.spring-nutrition.org/publications/tool-summaries/cost-diet (accessed 29.08.2016)

47 FAO/WHO. 2013. *Histamine Sampling Tool User Guide* (Version 1.0). Rome, FAO. Available at: www.fstools.org/histamine (accessed 29.08.2016)

48 FAO. 2014. *Mycotoxin sampling Tool User Guide* (Version 1.0 and 1.1). Rome, FAO. Available at: www.fstools.org/mycotoxins/Documents/UserGuide.pdf

49 FAO Save Food: Global Initiative on Food Loss and Waste Reduction- Field Case Studies. [Website] Available at: www.fao.org/save-food/resources/casestudies/en/ (accessed 08.09.2016)

50 FAO Food Safety and Quality. [Website] Available at: www.fao.org/food/food-safety-quality/home-page/en/(accessed 29.08.2016)

51 FAO. 1998. *Food Quality and Safety Systems - A Training Manual on Food Hygiene and the Hazard Analysis and Critical Control Point (HACCP) System.* Rome, FAO. Available at: www.fao.org/docrep/w8088e/w8088e04.htm (accessed 29.08.2016)

52 Codex Alimentarius. *Standards, guidelines and advisory texts.* Available at: www.fao.org/fao-who-codexalimentarius/standards/en/ (accessed 29.08.2016)

53 Njuki, J., Poole, J., Johnson, N., Baltenweck,I., Pali, P., Lokman, Z., & and Mburu, S. 2011. *Gender, Livestock and Livelihood Indicators.* Nairobi, ILRI. Available at: https://cgspace.cgiar.org/bitstream/handle/10568/3036/Gender%20Livestock%20and%20Livelihood%20Indicators.pdf

54 IFAD. 2015. *Economic and Financial Analysis of rural investment projects- Basic Concepts and rationale.* Rome, IFAD. Available at: www.ifad.org/documents/10180/a53a6800-7fab-4661-ac78-faefcb7f00f8 (accessed 29.08.2016)

55 CARE Bangladesh Livelihood Monitoring Unit (LMU). 2004. *Measuring Livelihood Impacts: A Review of Livelihoods Indicators.* Rural Livelihoods Program. Available at: http://portals.wi.wur.nl/files/docs/ppme/LMP_Indicators.pdf

56 IFPRI. 2012. *Women's Empowerment in Agriculture Index.* Washington, D.C., IFPRI. Available at: www.ifpri.org/publication/womens-empowerment-agriculture-index (accessed 29.08.2016)

57 Alkire, S., Malapit, H., Meinzen-Dick, R., Peterman, A., Quisumbing, A. R., Seymour, G. & Vaz, A. 2013. *Instructional Guide on the Women's Empowerment in Agriculture Index.* Washington, DC., IFPRI. Available at: www.ifpri.org/sites/default/files/Basic%20Page/weai_instructionalguide_1.pdf

58 FAO-Agri-gender statistics toolkit: income and expenditures questionnaire. Available at: www.fao.org/fileadmin/templates/gender/agrigender_docs/q6.pdf

59 FAO-Agri-gender statistics toolkit: labour and time use questionnaire. Available at: www.fao.org/fileadmin/templates/gender/agrigender_docs/q5.pdf

60 United Nations Economic and Social Affairs (UNDESA). 2005. *Guide to producing statistics on time use: measuring paid and unpaid work.* New York, USA, United Nations. Available at: http://unstats.un.org/unsd/publication/SeriesF/SeriesF_93e.pdf

61 United Nations Gender Statistics. *Allocation of time and time-use.* Available at: http://unstats.un.org/unsd/gender/timeuse/ (accessed 29.08.2016)

62 FAO-Agri-gender statistics toolkit: access to productive resources questionnaire. Available at: www.fao.org/fileadmin/templates/gender/agrigender_docs/q2.pdf

63 CARE Gender Toolkit. Available at: http://gendertoolkit.care.org/default.aspx (accessed 29.08.2016)

64 Land O'Lakes. 2015. *Integrating Gender throughout a Project's Life Cycle 2.0. A Guidance Document for International Development Organizations and Practitioners*. Washington, D.C., Land O'Lakes. Available at: www. landolakes.org/resources/tools/Integrating-Gender-into-Land-O-Lakes-Technical-App (accessed 29.08.2016)

65 Alkire, S., Meinzen-Dick, R., Peterman, A., Quisumbing, A., Seymour, G. & Vaz, A. 2013. *The Women's Empowerment in Agriculture Index*. OPHI Working Paper No. 58

66 Malapit, H.J., Sproule, K., Kovarik, C., Meinzen-Dick, R., Quisumbing, A., Ramzan, F., Hogue, E. & Alkire, S. 2014. *Women's Empowerment in Agriculture Index: Baseline Report*. Washington, D.C., IFPRI. Available at: https://feedthefuture.gov/sites/default/files/resource/files/ftf_progress_weai_baselinereport_may2014.pdf

67 World Bank/FAO. 2009. *Gender in Agriculture Sourcebook*. Washington, DC., World Bank. Available at: http://siteresources.worldbank.org/INTGENAGRLIVSOUBOOK/Resources/CompleteBook.pdf

68 WHO. 2006. *Five keys to safer food manual*. Geneva, WHO. Available at: www.who.int/foodsafety/publications/5keysmanual (accessed 29.08.2016)

69 Totsika, V. & Sylva, K. 2004. The home observation for measurement of the environment revisited. *Child and Adolescent Mental Health*, 9 (1): 25–35

70 Iltus, S. 2006. Significance of home environments as proxy indicators for early childhood care and education. Background paper prepared for the Education for *All Global Monitoring Report 2007 Strong foundations: early childhood care and education*. New York, USA, UNESCO. Available at: http://unesdoc.unesco.org/images/0014/001474/147465e.pdf

71 Hamadani, J.D., Tofail, F., Hilaly, A., Huda, S.N., Engle, P. & Grantham-McGregor, S.M. 2010. Use of Family Care Indicators and Their Relationship with Child Development in Bangladesh. *J Health Popul Nutr* 28 (1): 23–33. Available at: www.ncbi.nlm.nih.gov/pmc/articles/PMC2975843/ (accessed 29.08.2016)

72 WHO/UNICEF Joint Monitoring Programme (JMP) for water supply and sanitation. [Website] Available at: www.wssinfo.org (accessed 29.08.2016)

73 WHO/UNICEF Joint Monitoring Programme (JMP) for water supply and sanitation- standard set of drinking-water and sanitation categories for monitoring purposes. [Website] Available at: www.wssinfo.org/definitions-methods/watsan-categories (accessed 29.08.2016)

74 FAO. 2008a. *Expert Consultation on Nutrition Indicators for Biodiversity-food composition*. Rome, FAO. Available at: www.fao.org/3/a-a1582e.pdf

75 FAO. 2008b. *Expert Consultation on Nutrition Indicators for Biodiversity-food consumption*. Rome, FAO. Available at: www.fao.org/docrep/014/i1951e/i1951e00.htm (accessed 29.08.2016)

76 WHO Global Database on Child Growth and Malnutrition- Child growth indicators and their interpretation. [Website] Available at: www.who.int/nutgrowthdb/about/introduction/en/index2.html (accessed 29.08.2016)

77 WHO. 2006. *WHO child growth standards: length/height-for-age, weight-for-age, weight-for-length, weight-for height and body mass index-for-age: methods and development*. Geneva, WHO. Available at: www.who.int/childgrowth/standards/Technical_report.pdf

78 Cogill, B. 2003. *Anthropometric Indicators Measurement Guide*. Washington, DC, Food and Nutrition Technical Assistance (FANTA) Project, FHI 360. Available at: www.fantaproject.org/sites/default/files/resources/anthropometry-2003-ENG.pdf

79 United Nations. 1986. *How to Weigh and Measure Children: Assessing the Nutritional Status of Young Children in Household Surveys*. New York, USA, United Nations. Available at: http://unstats.un.org/unsd/publication/unint/dp_un_int_81_041_6E.pdf

80 UNICEF. *Harmonized training package for nutrition. Measuring undernutrition in individuals*. [Online training] Available at: www.unicef.org/nutrition/training/3.1/1.html (accessed 29.08.2016)

81 IFAD. 2005a. *Practical guidance for impact surveys*. Rome, IFAD. Available at: www.ifad.org/documents/10180/78da2b7e-9b3a-4f98-b514-2783a85234a2 (accessed 29.08.2016)

82 IFAD. 2005b. *Practical guidance for impact surveys- tools for conducting an impact survey*. Rome, IFAD. Available at: www.ifad.org/operations/rims/guide/e/part2_e.pdf

83 WHO/CDC, 2007. *Assessing the iron status of populations: report of a joint WHO/ Centers for Disease Control and Prevention technical consultation on the assessment of iron status at the population level*, 2nd ed. Geneva, WHO. Available at: www.who.int/nutrition/publications/micronutrients/anaemia_iron_deficiency/9789241596107/en/ (accessed 29.08.2016)

84 WHO. 2011. *Haemoglobin concentrations for the diagnosis of anaemia and assessment of severity*. Geneva, WHO. Available at: www.who.int/vmnis/indicators/haemoglobin/en (accessed 29.08.2016)

85 WHO. 1996. *Indicators for assessing vitamin A deficiency and their application in monitoring and evaluating intervention programmes*. Geneva, WHO. Available at: www.who.int/nutrition/publications/micronutrients/vitamin_a_deficiency/WHO_NUT_96.10/en/ (accessed 29.08.2016)

86 Prasad, A. S. 1985. Laboratory diagnosis of zinc deficiency. *J Am Coll Nutr.* 4 (6):591-8. Abstract available at: www.ncbi.nlm.nih.gov/pubmed/4078198 (accessed 29.08.2016)

87 WHO/FAO. 2004. *Vitamin and mineral requirements in human nutrition* (second edition). Geneva, WHO. Available at: http://apps.who.int/iris/bitstream/10665/42716/1/9241546123.pdf?ua=1 (accessed 09.09.2016)

88 WHO. 2007. *Assessment of iodine deficiency disorders and monitoring their elimination- A guide for programme managers* (third edition). Geneva, WHO. Available at: http://apps.who.int/iris/bitstream/10665/43781/1/9789241595827_eng.pdf

89 FAO. 2014. *Food and Nutrition in Numbers 2014*. Rome, FAO. Available at: www.fao.org/ publications/card/en/c/9f31999d-be2d-4f20-a645-a849dd84a03e (accessed 29.08.2016)